NEW

CHARACTER MAKE - UP MASTER BOOK

NEW 캐릭터 메이크업 마스터북

구민사

contents

제품 이미지

크리오란코리아 www.kryolanshop.com/

메이크업매직 www.makeupmagic.co.kr/

01 CHAPTER

캐릭터메이크업의 이해

1) 캐릭터메이크업의 이해

캐릭터 메이크업은 분장사가 배우를 작품이 요구하는 극 중 인물의 캐릭터로 만들어내는 외적 이미지 표현 방법으로, 헤어, 메이크업, 의상 등 다양한 뷰티 스타일링의 시각적 요소들이 전체적으로 종합되어 하나의 캐릭터를 완성한다.
등장인물의 캐릭터는 극을 전개하고 구성하는 중요한 요소로, 각 매체별 작품 속 등장인물의 성격, 기질, 연령, 인격, 사회적 환경 등을 고려하여 작품이 요구하는 극중 인물로 변화시킴으로써, 관객들로 하여금 극의 내용을 쉽게 이해할 수 있도록 해야 한다.

1. 무대분장

무대분장이란 연극, 뮤지컬, 오페라, 패션쇼 등 무대 또는 거리에서 행해지는 공연작품을 위한 분장으로, 영상매체를 위한 분장과는 달리 다소 과장되어 표현된다.
무대크기에 따라 객석수가 약 500석 이하의 경우 소극장, 약 500석-1000석의 경우 중극장, 약 1000석 이상인 경우 대극장으로 분류되며, 관객과의 거리를 고려하여 극장크기에 따라 무대분장의 강약이 달리 표현해야한다.

2. 영상분장의 이해

영상분장은 영화나 TV, 광고, 사진 등 매체의 출연자(연기자)들에게 행해지는 분장을 의미한다.
영상분장은 크게 출연자의 피부색이나 결점을 보완, 수정하거나 조명의 반사를 방지하기 위한 일반분장과 작품 속 인물의 캐릭터 구축을 위한 성격(캐릭터)분장으로 나뉜다.
영상분장은 무대분장과는 달리 거리감이 무시되고 보는 이들에게 사실적으로 표현되어야 함으로 분장사는 영상기자재에 대한 기본 상식을 갖추어야 한다.

2) 골상학

얼굴의 뼈와 근육의 상대적인 크기나 상호간격, 형태 등은 사람마다 각기 다르다. 따라서 두개골과 근육구조인 골상학을 이해함으로써 다양한 캐릭터 표현을 위한 효과적인 분장 이미지를 연출할 수 있다.

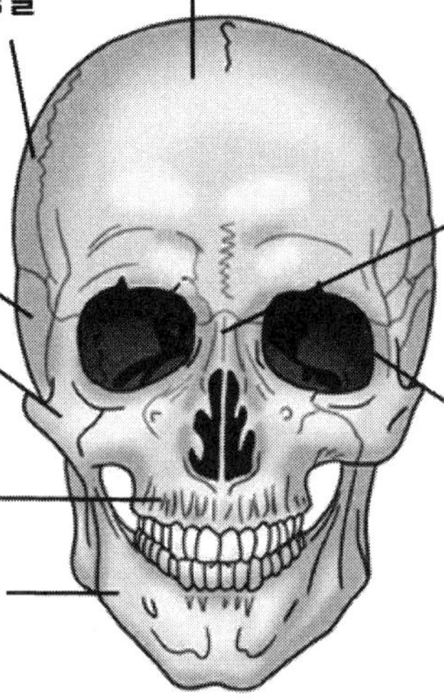

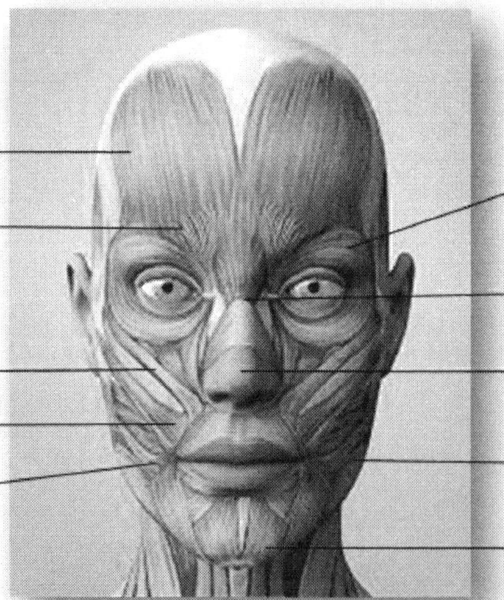

<table>
<tr><th colspan="2">구분</th><th>내용</th></tr>
<tr><td rowspan="10">두개골</td><td>전두골</td><td>- 머리뼈를 구성하는 뼈의 하나로 머리뼈의 앞부분을 이루는 뼈이다.
- 눈썹의 융기와 안와의 위쪽인 이마를 형성한다.</td></tr>
<tr><td>두정골</td><td>- 머리뼈 중에서 대뇌의 뒤를 덮은 좌우 한 쌍의 편편하고 모가 난 뼈로 정수리를 형성한다.
- 앞쪽으로는 전두골에, 뒤쪽으로는 후두골에, 아래쪽으로는 측두골과 접형골에 연결되어 있다.</td></tr>
<tr><td>측두골</td><td>- 관자 뼈라고도 불림. 머리뼈를 구성하는 뼈의 하나이다.
- 한 쌍의 뼈가 머리뼈의 양 옆 기저부를 이루고 있다.
- 머리뼈 바닥과 옆면의 중간 부분에 있는 불규칙한 뼈이다.</td></tr>
<tr><td>관골
돌기</td><td>- 얼굴 뺨을 튀어나오게 만드는 뼈이며 좌우 양쪽에 하나씩 있다.
- 눈구멍의 아래 바깥쪽에 위치하며 모양은 마름모 형태이다.
- 얼굴의 여러 뼈들과 만나면서 귀쪽의 얇은 뼈로 이어진다.
- 뼈는 네 개의 면으로 이루어져 있으며, 뼈 사이 공간으로 신경이 지나고 근육이 부착되어 있다.</td></tr>
<tr><td>상악골</td><td>- 얼굴의 중앙에 위치하며, 입천장의 위쪽에서 턱의 윗부분을 이루는 뼈이다.
- 얼굴의 중앙에서 좌우 한 쌍의 뼈가 합쳐져 상악골을 형성된다.
- 상악골의 아랫부분에 치조돌기라는 구조가 있어 윗니가 이곳에 고정한다.
- 상악골의 주변으로 여러 가지 근육, 신경, 혈관 등이 위치하며, 겉부분에는 인중, 입과 입술, 뺨이 위치한다.
- 상악골은 윗니를 고정시키는 역할을 하며, 이를 이용하여 씹거나 말할 수 있도록 움직이는 기능을 하다.
- 윗입술의 모양을 형성한다.</td></tr>
<tr><td>하악골</td><td>- 얼굴의 가장 아랫부분에 위치하며, 얼굴의 하부를 구성하여 얼굴형을 결정한다.
- 하악골은 아래턱을 구성하는 뼈로 하악관절과 연결되어 있고 씹는 기능과 치아를 떠받치는 기능을 한다.
- 아래 치아를 떠받치는 역할을 하며, 상악골과 함께 움직여 씹거나 말하는데 기능을 수행한다.</td></tr>
<tr><td>비골</td><td>- 코뼈를 형성하며, 사다리꼴의 얇은 뼈로 좌우 한 쌍이다.</td></tr>
<tr><td>안와</td><td>- 안구가 들어가는 두개골 뼈의 빈 공간이다.
- 안구를 보호하며, 안구 주변 구조물들이 지나가는 통로이다.
- 안구가 들어갈 수 있도록 안으로 패인 오목한 형태이다.</td></tr>
<tr><td>기타</td><td>MEMO</td></tr>
</table>

구분		내용
안면 근육	전두근	- 머리의 앞면에 머리뼈를 덮고 있는 근육이다. - 눈썹을 올리거나 이마에 가로 주름을 나타내어 찌푸리거나 놀란 표정을 만들 때 사용된다.
	추미근	- 눈썹을 내리는 역할을 한다. - 빛으로부터 눈을 보호하기 위해 눈을 가늘게 뜰 때 작용한다. - 눈썹을 중심 쪽으로 모아 미간에 주름 형성, 찌푸리거나, 분노, 혼란스러운 표정에 작용한다.
	소광대근	- 윗입술을 뒤, 위로 당김, 부정적인 표정이다.
	대관대근	- 광대뼈에서부터 입 꼬리까지 붙어 있는 안면근육으로 입 바깥쪽에 위치한다. - 입 꼬리를 올려 밝은 표정이다.
	구륜근	- 입 주위의 근육이다. - 입을 오므리는 작용을 하므로 표정에 매우 중요한 역할을 한다. - 입속의 음식물을 비우거나 입을 다무는 것을 돕는 작용한다.
	안륜근	-얼굴에 있는 근육으로 눈꺼풀을 닫는 역할. -눈을 깜빡 거릴 때 사용, 눈의 주름 형성 -이마에 세로주름 형성.
	비근근	-양편 눈썹사이에 있는 피부를 아래로 당겨 미간에 가로 주름 형성. -코끝으로 사선주름을 만드는 것
	비근	- 콧구멍을 크게 한다.
	교근	- 하악궁 내부에서 시작되어 그 외부와 하악 뒤쪽까지 늘어나 턱을 움직여서 씹는 기능을 돕는 근육이다. - 아래턱에 붙은 근육, 발달할수록 사각턱이 형성된다.
	이근	- 턱 근육. 아랫입술을 내밀고 턱 끝에 주름을 잡게 하는 근육이다. - 부정적인 표정
	기타	MEMO

3) 인상학적 이미지

구분		이미지
얼굴형	계란형	부드럽고 온화한 이미지+ 깐깐한 이미지, 사교적, 원만한 성격, 통찰력과 기억력이 좋음, 자만심
	둥근형	긍정적, 대인관계 원만, 활동력이 뛰어남, 낙천적,
	사각형	자기주장이 강함, 끈기 있음, 활동적
	역삼각형	자존심, 독립심이 강함, 신경이 예민함, 이성적, 생각이 많음
	마름모형	강직함, 예리함, 신경질적, 날카로움, 기가 셈, 실천력이 뛰어남
	기타	MEMO

구분		이미지
눈형태	쌍꺼풀 눈	호기심이 많음, 감수성이 풍부
	홑 꺼풀 눈	보수적, 인내심 강함
	큰 눈	사교적, 젊음, 표현력이 풍부, 겁이 많음, 감수성이 풍부
	작은 눈	끈기 있음, 고집이 강함, 보수적,
	가느다란 눈	날카로움, 생각이 깊음, 의심이 많음, 인내력,
	눈꼬리 처진 눈	온순, 소극적, 둔해 보임
	눈꼬리 올라간 눈	강직, 질투심이 강함, 고집스러움, 냉정함, 진취적, 배타적,
	깊은 눈	세심함, 주의 깊음, 영리함, 끈기 있음
	튀어나온 눈	정력이 강함, 민첩함, 끈기 부족, 고집 강함, 실천력이 뛰어남, 창조적
	삼백안	성격이 격함, 냉혹함
	짝눈	재기발랄함, 통찰력이 뛰어남,
	기타	MEMO

구분		이미지
눈썹 형태	긴 눈썹	눈길이보다 길게 보이는 눈썹, 이런 사람은 남녀 모두 부모형제간의 인연이 좋아 부귀를 누릴 상. 온화함, 다정다감, 꼼꼼함,
	짧은 눈썹	짧고 옅은 눈썹을 가진 경우 남녀 모두가 이성에 대한 애정이 대단히 깊은 타입, 짧고 짙은 눈썹을 가진 남성은 진취적이며 자립심이 강하며, 여성인 경우는 여장부 기질을 가지고 있어 남성보다 뛰어난 실력을 발휘하는 경우가 많다. 위선적.
	아래로 처진 눈썹	실천력, 결단력이 강하고 명랑하고 사교성이 강하며 리더십도 강하다.
	위로 올라간 눈썹	지력과 담력을 겸비하고 있고 자신이 옳다고 생각하는 일은 어떤 일이 있어도 밀고 나가는 형, 타협적, 예술계열,
	두꺼운 일자 눈썹	기백이 넘치며 끈기가 있고 지혜와 재능이 뛰어나며 인간관계 또한 원만하다
	얇은 눈썹	눈썹의 숱이 적고 얇아서 여성적인 인상을 주는 모양으로 여성형 눈썹이라고 할 수가 있는데 이런 사람의 경우에는 성격적으로 온화하고 정이 많아 주위사람들에게 사랑과 도움을 많이 받는다. 예리한 감각, 예술계 종사자,
	기타	MEMO

구분		이미지
코 형태	낮은 코	반항심이 별로 없고 마음이 순하고 약해 사람들과 마찰이 적다.
	높은 코	자존심이 강함, 독단적, 적극적, 공격적
	짧은 코	명랑, 낙천적, 성격이 급함
	납작 코	속내를 겉으로 나타내지 않는 편으로 대외적인 활동이 약하다. 순종적,
	코에 살집이 없어 마르고 울퉁불퉁한 코	재능과 지혜가 있음. 날카롭고 인색함, 자존심이 강함, 고집이 셈, 예민함
	들창 코	재물의 낭비가 있는 편이며 극기심, 인내력이 부족하다. 통찰력, 유머감각이 있음
	기타	MEMO

구분		이미지
입 형태	입술 끝이 올라간 입	총명하며 성격이 명랑하며 대인관계도 좋다.
	입술 끝이 쳐진 입	고집이 세고 자기중심적이며 매사에 불만이 많다.
	아랫입술이 튀어 나온 입술	핑계나 구실이 많고 자기중심적이며 질투심이 많다
	윗입술이 튀어 나온 입술	개성이 약하고, 마음이 곱고 자기주장이 약함, 수동적
	일자형 입술	의지가 강함, 단호함,
	좌우가 비뚤어진 입술	이해심 부족, 불만이 많음, 비평적,
	기타	memo

4) 조명과 분장

조명은 각도에 따라 달라지므로 색의 표현을 높이려면 가장 먼저 고려할 사항은 조명이다. 색을 잘 표현하려면 조명의 종류, 밝기, 방향, 변화, 색광을 적절히 표현해 주는 것이 중요하다.

① 무대조명의 기능

㉠ 무대에 생명력을 부여하며 배우들의 개성을 표현해주며 주의를 끄는 역할을 한다.

㉡ 조명의 색광이 극의 긴장감을 고조시키거나 완화시키는 등의 조명 색으로 이미지를 만들어 준다.

㉢ 표현되는 조명의 색감에 따라 다양한 리얼리티와 질감을 표현한다.

㉣ 조명을 이용하여 무대 위 배우의 움직임 공간을 설정해 준다.

㉤ 조명의 조도와 색채, 빛의 각도를 달리하여 극의 분위기를 조성하고 극의 흐름에 필요한 암시적인 효과 등 다양한 이미지를 만들어준다.

종류	특징
Front light (앞조명)	배우의 정면을 비추는 조명으로 배우의 얼굴을 뚜렷하게 보여줄 수 있으나 평면적으로 보일 수 있으니 주의한다.
Side light (옆조명)	무대의 오른쪽에서 왼쪽으로 비추는 조명으로 인물을 입체감 있게 표현해 준다.
Back light (뒷조명)	무대에서 객석을 비추는 조명으로 배우의 윤곽과 실루엣을 강조한다.
Top light (윗조명)	무대 위쪽에서 수직으로 비추는 조명으로 배우의 얼굴에 그림자를 만들어 공격적인 분위기를 만들어준다.
Foot light (바닥조명)	무대아래에서 위를 비추는 조명으로 극의 긴박감, 공포, 극적효과를 나타내는데 사용된다.

② 영상(방송)조명

카메라가 피사체를 효과적으로 촬영할 수 있도록 빛을 주거나 통제하여 피사체의 여러 정보들을 표현해준다. 피사체에 '빛' 을 주는 것 외에도 시간이나 장소에 대한 상황을 알려주는 역할도 한다. 영상조명의 경우 피사체에 기본적으로 3개의 조명으로 비추게 되는데 이것을 기본 삼 점 조명(3point lighting)이라 한다.

종류	특징
주조명 (key light)	가장 강한 조명으로 인물의 기본 형태를 비추는 역할을 하며 인물의 정면 쪽보다는 약간 왼쪽이나 오른쪽 45도 각도에서 비춘다.
후면 조명 (back light)	뒤에서 비추는 조명으로 인물과 배경을 분리하여 입체감을 부여한다.
보조 조명 (fill light)	키라이트 조명에 의한 그림자를 없애는 역할을 하는 조명으로 강한 보조명에 의해 인물의 윤곽이 사라질 수도 있으므로 주의한다.

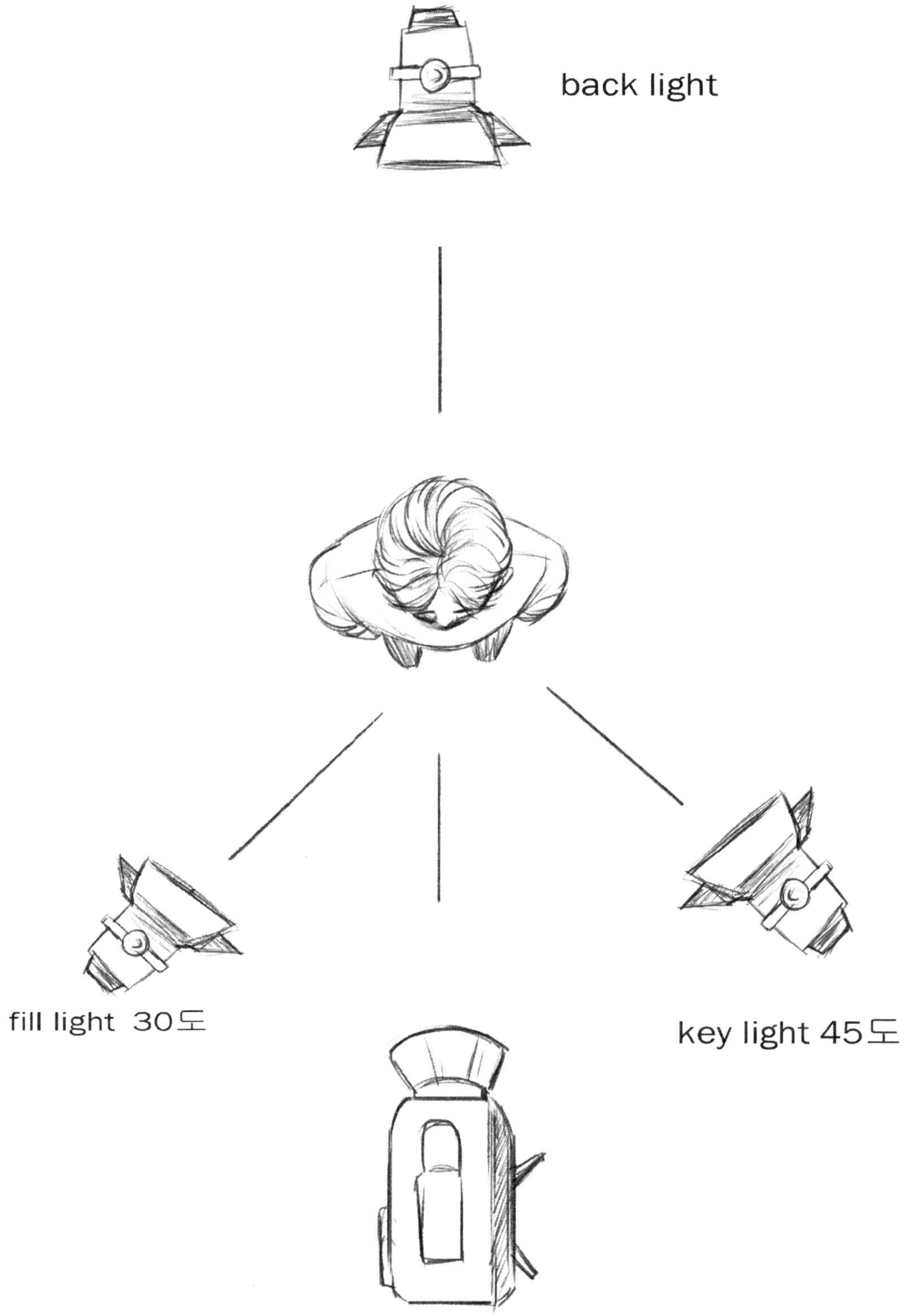
back light
fill light 30도
key light 45도

5) 분장재료

수프라컬러 크라운 화이트 (SUPRACOLOR CLOWN WHITE)		- 연극 분장 및 광대분장에 활용 - 워터 프루프 형태로 땀이나 물에 강함 - 투명파우더와 함께 사용 시 오랜 시간 지속
수프라컬러 팔레트 (SUPRACOLOR PALETTE)	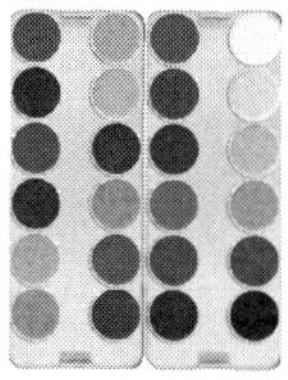	- 워터 프루프 유성컬러크림 - 페이스와 바디에 모두 사용이 가능한 멀티 유성크림 - 브러시나 스펀지를 사용하여 원하는 분장을 표현 해준 후 파우더로 마무리
얼티메이트 FX 크림팔레트(ULTIMATE FX Palette)		- 타박상, 찰과상 등의 상처분장과 다양한 캐릭터를 완성할 수 있는 피부 표현의 채색에 효과적으로 사용할 수 있음.
콤비펜슬		- 블랙, 진갈색으로 이루어져 아이브로우, 아이라인, 립라이너 외 분장 시 다양하게 활용됨
헤라(SPATULA)		- 분장 제품을 덜거나 모델링 시 형태를 만들 때 사용
블랙 스펀지/ 곰보 스펀지 (BLACK SPONGE/ STIPPLE SPONGE)		- 벌집 형태의 구조로 구멍 입자가 다양한 나이론제 스펀지 - 면도하지 않은 수염자국, 긁힌 상처, 얼굴의 질감 표현 등에 사용

수염(생사/인조사)		- 생사: 누에꼬치실로 제작되어 염색에 따라 다양한 색깔 가능. 물에 젖을 경우 사용이 어려워 인조사와 혼합하여 사용 - 인조사: 용도에 따라 색깔 굵기 등을 조절하여 사용. 가발제작, 뜬수염 제작에 사용. 직모 자체로 사용이 어려움으로 전자레인지에 쪄서 웨이브를 만들어 사용 가능
스피리트 껌/마스틱스 (SPIRIT GUM)/(Mastix)		- 99% 주정 알코올에 송진을 용해하여 제조 - 전용 리무버, 알코올로 제거 가능 - 제품마다 굳는 속도와 농도가 다르므로 용도에 맞게 사용
라텍스(Latex)		- 인조코, 마스크, 상처분장, 볼드캡 등 다양한 특수 분장을 연출할 수 있는 리퀴드 타입
왁스(Wax)		- 형태를 변형시키는 제품으로 얼굴의 상처, 눈썹지우기 등의 상처에 활용되며 스피르트껌으로 접착시키고 실러를 도포 한 후 색을 입힌다. - 분장 형태에 따라 왁스의 경도정도를 맞추어 사용한다.
글라짠(Glatzan)		- 용액형태의 플라스틱으로 볼드캡 제작 시 사용 - 볼드헤드에 3-5번 정도 덧발라 사용하면 자연스러운 볼드캡 완성 - 볼드헤드에서 제거 시 파우더를 사용하여 표면을 처리함.
볼드캡(Bald cap)		- 글라짠으로 아주 얇게 제작된 볼드 캡으로, 분장 시 아세톤으로 경계부분을 없앨 수 있어 거의 표시가 나지 않음.
콜로디온 (Collodion)	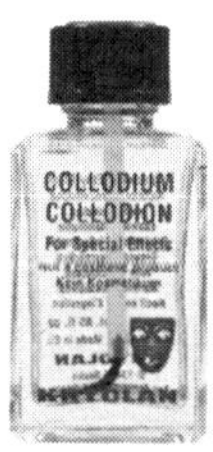	- 오래된 상처를 분장하는데 사용되는 피부수축 제품 - 칼자국, 상처 등에 사용되며 휘발성으로 보존기간이 짧고 에테르가 함유되어 있어 냄새가 강함 - 제거 시 전용리무버 사용

실러(Slealer)		- 왁스, 젤라틴, 실리콘, 인공스킨의 지속력을 강화시켜 분장을 오래 유지시켜줌 - 분장 위에 사용 시 은은한 광택이 있어 분장의 효과를 더해줌.
글리세린 (Glycerine)	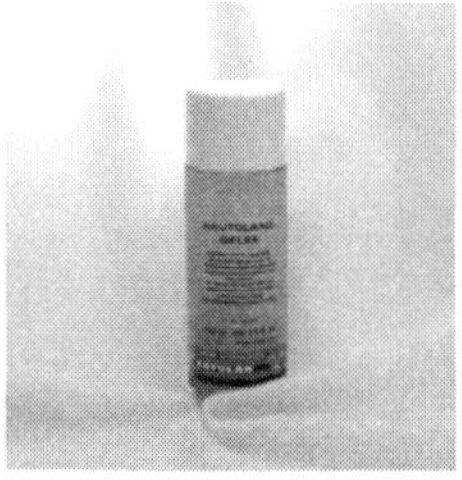	- 땀이나 젖은 듯 한 효과를 나타낼 때 사용하는 제품 - 광택이 있고 유분이 없으며, 세척이 가능함.
인조피	 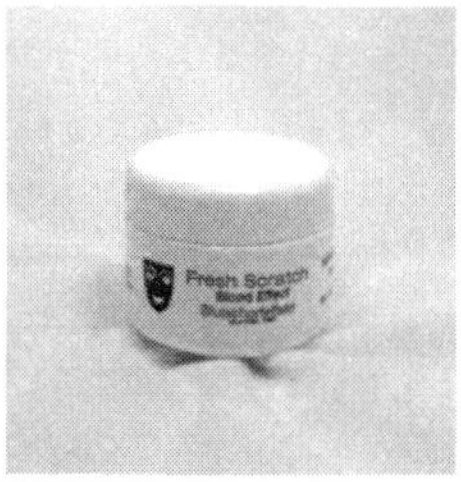	- 좀비분장, 상처분장 등 특수 분장 시 다양하게 사용가능한 제품 - 액체, 고체, 가루 타입 등 다양한 형태
리퀴드블러드 캡슐 (Blood Capsuies)		- 입안에서부터 흐르는 피를 연출할 수 있는 식용색소, 설탕 등 이 함유된 특수 젤라틴 캡슐 - 캡슐을 입안에 넣으면 액체 형태의 인조 피와 침이 섞여 입안에서부터 흐르는 현실적인 혈액효과 연출 가능 - 사용 후 물로 간편하게 세척가능
아이블러드 (Eye Blood)		- 눈에 고인 피나 눈에서 흐르는 피를 연출할 때 사용하는 눈 전용 인조피. - 스포이드를 이용하여 눈동자에 한두 방울 떨어뜨려 사용.
치아 에나멜 (Tooth Enamel)	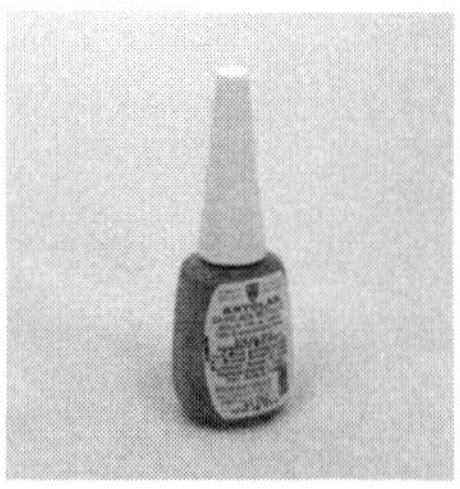	- 분장 시 치아에 사용되는 워터 프루프 타입의 제품 - 치아가 빠지거나 니코틴이 낀 상태, 섞은 치아 등을 표현 할 때 사용 - 용기에 붓이 달려있어 원하는 부위의 물기나 이물질을 제거한 후 바르고 말림. - 제거 시 면봉이나 화장 솜에 알코올 묻혀 제거. - 검정, 밤색, 빨간, 흰색 등

템플화이트 **(Temple White)**		- 노역분장 시 흰머리 표현에 사용되는 제품 - 흰색, 아이보리, 은색
젤스킨(Gel Skin)	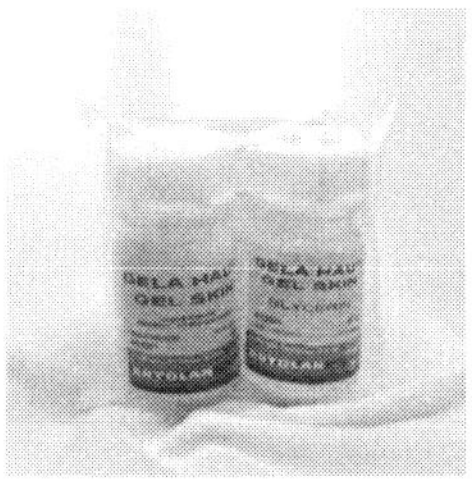	- 화상분장이나 상처분장 시 사용되는 제품으로 젤라틴과 글리세린이 한 세트로 되어있어 두 제품을 혼합하여 중탕하여 젤형태로 만들어 사용한다. - 남은 제품은 재사용이 가능.
투프라스트 **(Tuplast)**	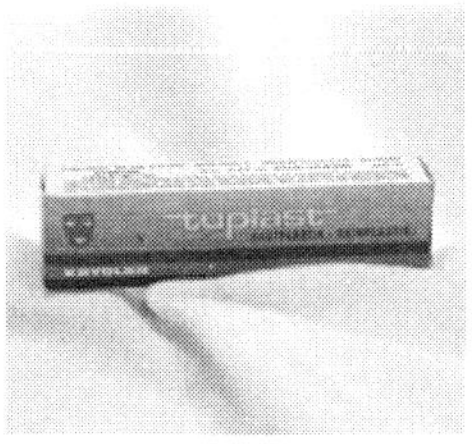	- 흉터나 물집을 만들 때 사용 - 마르기 전에 분장을 완성해야하며, 아세톤이 함유되어 있어 눈 주위 사용주의
픽스블러드 **(Flx Blood)**		- 살짝 긁힌 상처 등을 표현할 때 사용 - 빠르게 건조되는 접착제 타입의 인공피. - 유성제품으로 쉽게 지워지지 않음
리퀴드블러드 캡슐 **(Blood Capsuies)**		- 입안에서부터 흐르는 피를 연출할 수 있는 식용색소, 설탕 등 이 함유된 특수 젤라틴 캡슐 - 캡슐을 입안에 넣으면 액체 형태의 인조 피와 침이 섞여 입안에서부터 흐르는 현실적인 혈액효과 연출 가능 - 사용 후 물로 간편하게 세척가능
가루 피 **(Blood Powder)**	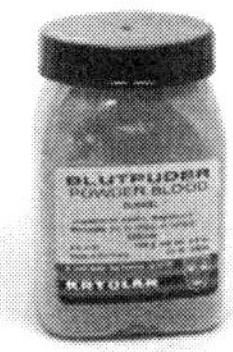	- 붓을 사용하여 머리카락이나 상처분장에 묻힌 다음 그 위에 물을 분무하면 피가 흐르는 효과를 낼 수 있음
매직블러드 **(Magic Blood)**	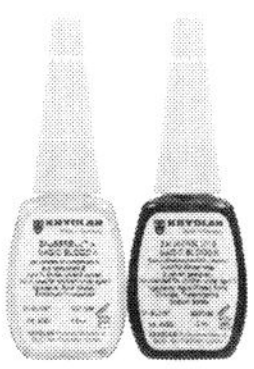	- 즉시 피가 나는 장면을 연출 시 사용 - A용액을 바른 후 완전히 건조시킨 다음 그 위에 B용액을 올리면 그 즉시 피가 나는 효과를 낼 수 있음

티어스틱 (Tears Stick)	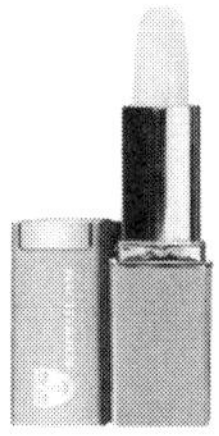	- 눈 주위에 발라 눈을 자극함으로써 눈물을 흘리게 하는 제품
더마컬러 픽서 스프레이		- 각종 분장 후 필요한 부위에 뿌리면 얇은 막이 형성되어 분장이 손상이 되지 않도록 하는 제품 - 용기를 충분히 흔든 후 원하는 부위에서 30cm정도 떨어져 분사
젤라픽스 스킨		- 화상분장이나 상처분장 시 사용되는 제품 - 젤리형태로 되어있어 포장된 상태 그대로 더운물에 데우거나 렌즈에 데운 후, 포장을 여는 즉시 작업하야하며, 남은 재료는 재사용이 불가하므로 필요한 양만큼씩 사용 - 사용 후 물로 세척 가능함
프로스테틱 어드해시브	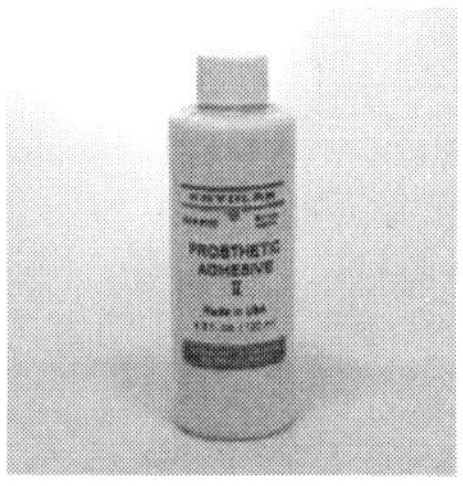	- 접착제의 일종으로 가발이나 마스크, 실리콘 등을 접착할 때 사용하는 제품으로 아주 얇고 세밀한 작업이 가능하며, 기존 접착제보다 강력한 제품
프로세이드		- 인체에 무해한 접착제로 인공스킨, 볼드캡, 수염을 붙일 때 사용 - 제거 시 전용 리무버 사용
오부라이트		- 화상 물집이나 입술의 터진 상처 등을 표현 할 때 사용가능 - 온도, 습도에 민감하여 습기가 없는 곳에 보관

<table>
<tr><td>실리콘</td><td></td><td>- 얼굴이나 신체 네거티브를 만들 때 사용
- 피부에 직접 사용이 가능
- 머리카락과 눈썹은 랩을 붙이고 사용
- A, B 용액이 한 세트 구성</td></tr>
<tr><td>스페셜티 파우더
(Specialty Powder)</td><td></td><td>- 먼지나 재를 표현하거나 상처, 화상 분장 등 분장의 사실감을 더해주기 위해 사용함
- 퍼프나 브러시를 사용하여 골고루 펴 바름</td></tr>
<tr><td>텔레시스 접착제
(Telesis Adhesive)</td><td>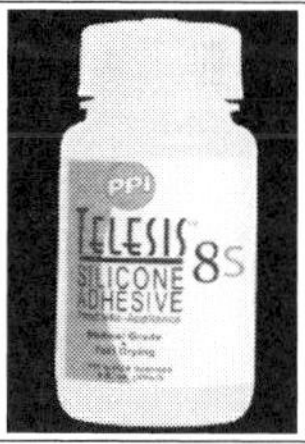</td><td>- 기존의 다른 분장용 접착제보다 피부의 자극이 거의 없으며, 땀이나 물에 강하여, 분장 유지 시간이 길다.
- 별도의 전용 리무버를 사용해야 함.</td></tr>
<tr><td>아이스 에프엑스 키트
(ICE FX KIT)</td><td></td><td>- 눈, 서리, 피부 얼음, 동상 등을 사실적으로 표현하는 재료
- 물 세안으로 가볍게 지워짐.</td></tr>
<tr><td>그린마블 실러
콘센트레이트
(Green Marble
Sealer)</td><td>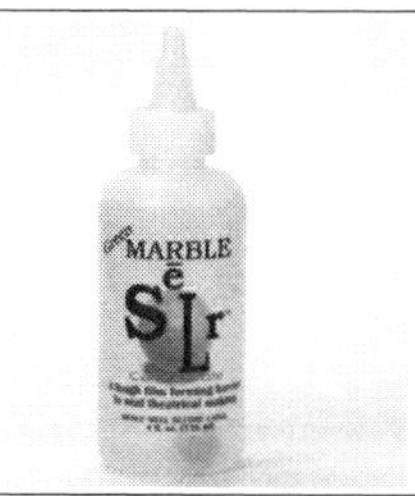</td><td>- 아타겔(Attagel) 제품과 섞어 다양한 노역, 상처, 화상 분장 등에 사용함</td></tr>
<tr><td>아타겔(Attagel)</td><td>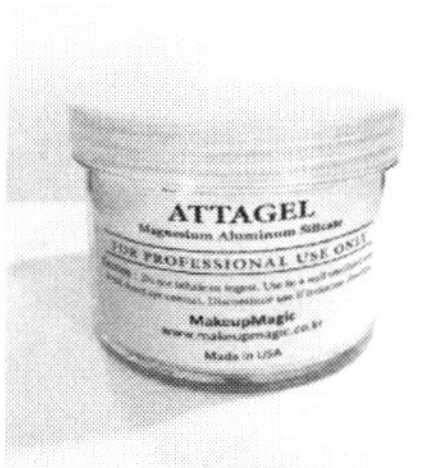</td><td>- 그린마블 실러 콘센트레이트 제품과 섞어 다양한 노역, 상처, 화상 분장 등에 사용함</td></tr>
</table>

제품이미지
크리오란코리아 www.kryolanshop.com/
메이크업매직 www.makeupmagic.co.kr/

02 CHAPTER

바보 캐릭터메이크업

눈썹 지우기	- 눈썹 결의 반대 방향으로 스프리트껌를 가볍게 바르고 헤라를 이용하여 접착시킨다. - 스프리트껌이 완전히 바른 후, 플라스토 왁스를 이용하여 눈썹 결의 요철을 덮어준다. 작업 된 플라스토 위에 실러를 이용하여 표면을 고정시킨다. - 무대분장 시, 눈썹이 옅은 경우는 밝은 색 화운데이션을 이용하여 눈썹 색을 커버할 수도 있다.
피부표현	- 전체적인 얼굴형이 비대칭으로 보일 수 있도록 표현한다. - 화운데이션 컬러는 캐릭터에 따라 한톤 정도 어두운 컬러를 이용하여 지저분하게 표현한다. - 미간, 눈두덩이, 광대뼈, 입술 윗부분, 턱 등 어눌해 보이는 인상을 연출할 수 있는 부위에 하이라이트 화운데이션을 바르고 파우더를 처리한다. - 콧대, 코볼부위에 하이라이트와 섀도우를 이용하여 코 모양을 변형시킨다.
눈 화장	- 눈썹 꼬리 부분을 검정펜슬을 이용하여 어눌한 처진 팔자형으로 강조하여 그려준다. - 아이라인은 성격에 맞게 크기나 진하기를 조절하고, 아이라인의 뒷부분을 위, 아래 라인 모두 아래로 처지게 그려준다.
볼터치& 입술	- 코 등과 볼 부위에 붉은 색 라이닝 컬러나 블러셔를 이용하여 홍조 띤 얼굴을 표현한다. - 입술의 구각부분을 처지게 또는 삐뚫게 표현한다.
기타	- 튜스 에나멜을 이용하여 빠진 이를 표현해준다. - 코 옆 점이나 주근깨 등을 캐릭터에 맞추어 표현한다. - 효과적으로 분장을 표현할 수 있는 가발이나 장식구 등을 이용한다. MEMO

▶표현하고자 하는 캐릭터메이크업의 참고시안을 조사하세요.

▶표현하고자 하는 캐릭터메이크업의 일러스트 & 분장 특징을 메모하세요.

▶ 완성한 작품 사진을 부착하세요.

03 CHAPTER

마녀&악역 캐릭터메이크업

피부표현	- 악역 캐릭터를 효과적으로 표현하기 위해서는 얼굴 골격과 근육을 표현하고자 하는 형태로 디자인해야 한다. - 코뼈, 눈 뼈, 턱, 광대뼈 등의 부위에 왁스를 이용하여 골격을 변형되어 보이도록 표현한다. - 설정된 캐릭터 맞춰 베이스 화운데이션을 한 톤 정도 어둡게 하거나 밝게 처리한다. - 배역에 따라 회색이나 청보라 색, 어두운 녹색 등의 라이닝 컬러를 섞어 음침한 느낌을 더해준다. - 이마 중간, 눈썹 뼈 윗부분, 광대뼈 아랫부분, 턱 윗부분, 아이 홀, 눈 밑, 코 옆 부위 등에 갈색 라이닝 컬러를 이용하여 음영을 표현해주고, 눈썹 뼈, 콧등, 광대 위 등 부위에는 하이라이트를 처리해줌으로써 얼굴 윤곽을 강조하여 표현한다. - 매부리코의 느낌을 만들기 위해서는 노즈섀도우를 매부리코 모양으로 처리하고 하이라이트를 표현한다. - 파우더로 마무리하고 갈색펜슬을 이용하여 음영부위에 색조를 더해준다.
눈 화장	- 눈 밑 부위, 눈 앞머리 부위에 붉은색 라이닝 컬러나 아이섀도를 이용하여 음산한 느낌의 눈매를 연출한다. - 눈썹과 아이라이너는 상승 형으로 처리하여 신경질적인 이미지를 표현한다. - 캐릭터를 효과적으로 나타낼 수 있는 아이섀도, 아이라인 등의 컬러를 이용한다.
볼치크& 립	- 붉은 보라색의 브러셔를 사선으로 처리하고 입술은 립펜슬을 이용하여 각지고 가늘게 그린 후, 캐릭터에 맞춰 어두운 레드 색 계열 또는 짙은 회색, 청보라색 등을 바른다.
기타	- 캐릭터에 맞추어 치아변색, 성격 주름, 사마귀, 상처자국 등을 표현한다. - 캐릭터를 효과적으로 표현할 수 있는 가발이나 장식구 등을 이용한다.

▶표현하고자 하는 캐릭터메이크업의 참고시안을 조사하세요.

▶표현하고자 하는 캐릭터메이크업의 일러스트 & 분장 특징을 메모하세요.

▶ 완성한 작품 사진을 부착하세요.

04 CHAPTER

환자 캐릭터메이크업-점각 수염분장 포함

메이크업 특징	- 표현하고자하는 병명 & 증상에 따른 신체변화를 사전에 체크한다.
분장재료	MEMO
분장순서	- 기본적으로 피부 톤을 희고 창백하게 표현하되, 환자의 병명에 따라 피부 톤은 다르게 표현되어야 한다. (예) 간 기능이나 신장이상의 경우는 피부 톤을 어둡게 처리한다. - 어두운 브라운 컬러와 회색 또는 청색의 라이닝 컬러를 이용하여, 관자놀이, 눈두덩이, 눈 아래, 광대뼈 아래, 팔자주름, 턱 위부분 등 얼굴에 형성되는 굴곡부위를 새딩 처리 한 후, 자연스럽게 그라데이션한다. - 피부 톤보다 밝은 화운데이션 컬러를 이용하여 눈썹 위, 광대뼈, 턱 등의 부위에 하이라이트 처리를 해준다. - 갈색 라이닝 컬러나 콤비펜슬을 이용하여 큰 주름, 작은 주름을 표현하고 검버섯이나 피부잡티 등을 표현한다. - 입술색은 피부 톤보다 밝은 화운데이션으로 거칠게 표현하고, 상황에 따라 오부라이트나 라텍스를 이용하여 마른 입술을 표현해준다. - 회청색 라이닝 컬러를 이용하여 눈 아래의 다크서클, 팔자주름 입술주위 등에 포인트를 처리한다. - 상황에 따라 찍는 수염이나 가루수염을 표현해 줄 경우 턱 아래까지 표현해줘야 한다. - 표현하려는 분장에 사실감을 더해줄 수 있는 요소들을 적용한다.
점각수염 표현	- 2~3일 정도 면도 안한 상태의 수염분장 - 배우 얼굴에 기본 분장을 마무리 한 후 진행한다. - 표현하고자 하는 부위에 파우더를 발라 유분기를 제거한다. - 곰보스폰지에 검정 컬러나 검정 찍구를 묻혀 뭉치지 않도록 조절하며 표현하고자 하는 부위에 점각하여 준다. - 점각할 때 턱 부위는 턱 아래부터, 콧수염은 구각부터 시작하여 안쪽으로 그러데이션시킨다. - 분장을 수정 할 수 없는 단점이 있으므로 세심한 작업이 이루어져야 한다. - 분장 후 소량의 파우더를 가볍게 바른다. - 분장용 픽스 스프레이 등을 이용하여 분장을 고정시킨다.

▶표현하고자 하는 캐릭터메이크업의 참고시안을 조사하세요.

▶표현하고자 하는 캐릭터메이크업의 일러스트 & 분장 특징을 메모하세요.

점각 수염 표현

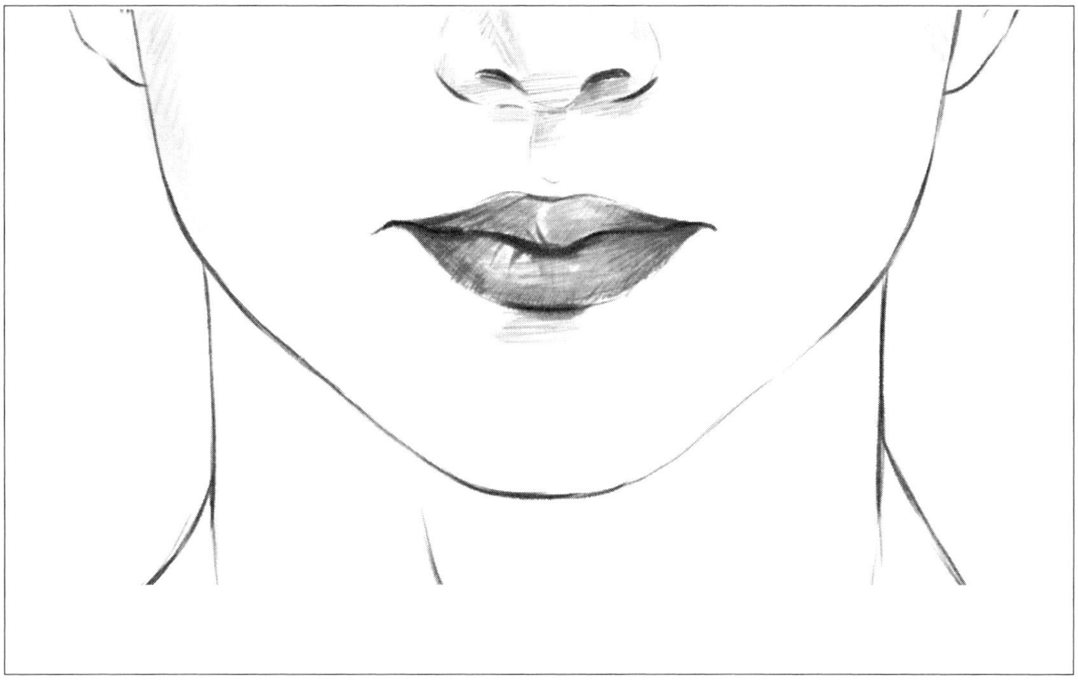

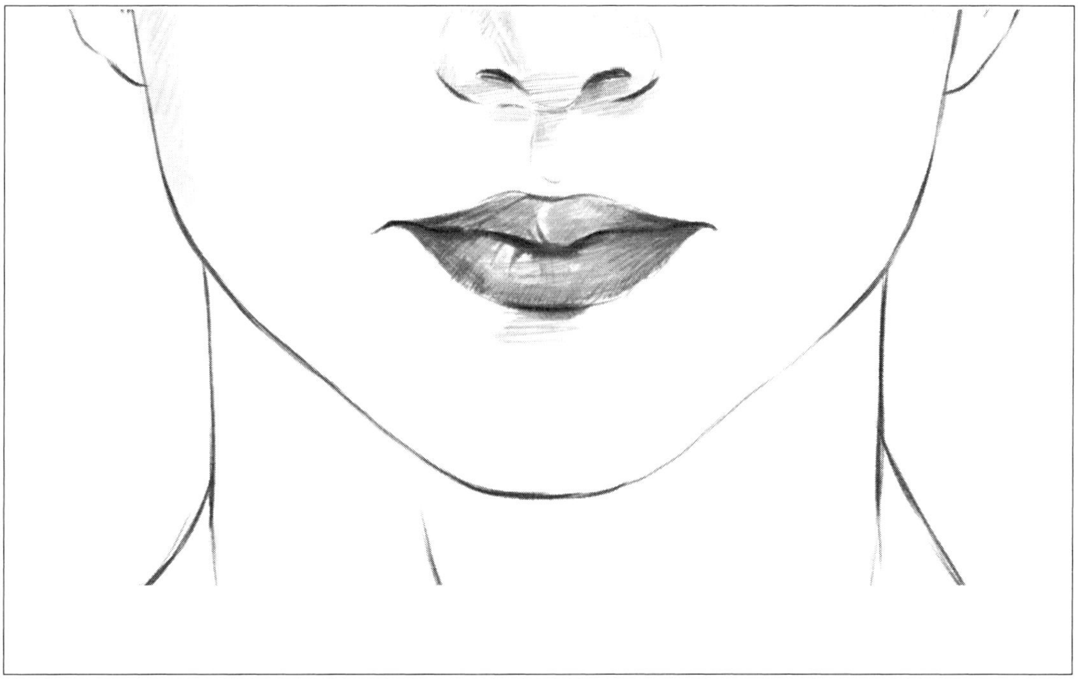

▶ 완성한 작품 사진을 부착하세요.

05 CHAPTER

상처분장을 활용한 캐릭터메이크업

1) 타박상

분장의 특징	- 가해자가 수로 오른손삽이라는 가성 하에, 기본적인 타박상은 피해자의 왼쪽 일굴의 눈동자 측면부위에 중심으로 주로 표현되고 찰과상과 같은 2차 상처는 오른쪽 얼굴 부위에 주로 표현된다. - 주로 표현되는 상처위치는 왼쪽 얼굴의 광대주위와 코 주변, 이마부위와 오른쪽 얼굴의 눈 주변, 눈 위, 눈 아래 입술주변을 중심으로 표현해준다.
분장재료	- 유성 라이닝 컬러, FX 컬러 크림, 블러드 파우더(피 가루), PM 플럿 스트릿 먼지 파우더, 페이스트 블러드(굳은 피), 리퀴드 블러드(흐르는 피), 멍 파우더, 글리세린, 바셀린 등
분장순서	- 타박상은 시간 경과에 따라 붉은 피멍 색에서 푸른빛을 띤 보라색, 검고 누런색, 초록빛을 띤 누런색 순으로 변해가므로, 시간차에 따라 타박상의 컬러와 형태를 다르게 표현하여야 한다. ※ 타박상 표현 - 설정된 상황에 대해 분석하고 상해의 도구(주먹, 둔기 등)나 상해위치를 파악한다. - 타박상을 표현 할 위치를 설정하고 콤비 펜슬을 사용하여 위치 표시를 해준다. - 적색, 와인색 등의 컬러를 이용하여 타박상을 표현 한 후 파우더를 가볍게 바르고 붉은색과 검정색 컬러를 블랙 스펀지나 붓 끝에 묻혀 찍듯이 발라주는 작업을 반복하여 사실감을 준다. 부어오른 자리에 노란색과 하얀색의 컬러를 사용하여 하이라이트를 표현한다. - 다양한 형태의 블러드를 사용하여 피부표면의 피 뭉침을 표현해준다. - 부어오른 부위에 바셀린을 살짝 발라 사실감을 더해준다. - 글리세린으로 헤어라인 주위에 땀을 표현하고, 그 외 재료들을 사용하여 전체적인 분위기를 더해준다. - 스테리 스트립(steri-strip) 테이프 사용하여 벌어진 상처를 표현해준다. ※ FX 컬러 크림을 타박상 표현 - 라이닝 컬러 크림에 비해 분장 상태가 오래 유지되는 장점이 있다. - 99%의 알코올을 소량 섞어 채색해야하며, 클린징 경우에도 알코올을 사용하여야 한다.

2) 찰과상

분장의 특징	MEMO
분장재료	MEMO
분장순서	- 찰과상을 표현 할 위치를 파악하되, 근육의 움직임이 작은 부위에 분장을 해야 분장의 지속력을 유지할 수 있다. - 검정+빨강 컬러 등을 혼합, 블랙스폰지의 각이 진 부분에 묻히고 콧등, 손등, 무릎 등 돌출된 위치에 스쳐 긁힌 자국을 표현하되, 상처 자국의 끝과 처음은 자연스럽게 그러데이션 처리한다. - 검정, 빨강 컬러를 붓에 묻혀 상처 중심부위에 덧칠해주어 깊이 감을 더해준다. - 리퀴드 타입과 고체형 인조피를 적당하게 혼합하여 사실감을 표현한다. - 간단하게 찰과상을 표현 할 경우 블랙스폰지에 인조피를 묻혀 긁힌 분장을 표현한다. - 찰과상의 상처 저도에 따라, 픽스블러드, 튜플라스트, 라텍스, 실리콘을 사용하여 미리 피부 벗겨짐을 표현하고 그 위에 위 단계의 분장순서를 진행한다. - 스테리 스트립(steri-strip) 테이프 사용하여 벌어진 상처를 표현해준다.
응용 재료 & 표현법	MEMO

3) 피딱지 & 입술 터짐

분자의 특징	MEMO
분장재료	MEMO
분장순서	- 상처의 상태나 누출된 혈액의 양의 따라 모양, 색채 등을 달리 표현한다. - 피부표면의 모세혈관에 상처가 생겨 출혈이 발생하면 보통 10분 이내에 응고되면서 생기는 상처자국 - 표현할 부위에 라텍스를 상처크기만큼 바른다. - 1차 라텍스가 마를 쯤, 부분 부분을 뜯어내고 2차 라텍스를 덧발라 피부가 벗겨진 상처를 표현한다. - 라텍스가 마른 뒤, 와인, 적갈색 등의 컬러를 이용하여 사실감을 표현한다. - 다양한 형태의 블러드를 사용하여 사실감을 더해준다. - 오부라이트를 사용하여 가벼운 상처를 표현할 수도 있다. - 단 오부라이트를 사용할 경우 지속적인 상처의 유지가 힘들며, 일시적인 상처표현만이 가능하다. - 장시간 분장 상태가 유지되어야 하는 경우, 그린마블 실러 콘센트레이트와 아타겔을 사용하여 표현하면 효과적이다.
응용 재료 & 표현법	MEMO

▶표현하고자 하는 캐릭터메이크업의 참고시안을 조사하세요.

▶표현하고자 하는 캐릭터메이크업의 일러스트 & 분장 특징을 메모하세요.

▶ 완성한 작품 사진을 부착하세요.

4) 자상 & 수술자국

분장의 특징	- 표현하고자 하는 상처분장의 특징을 파악한다.
분장재료	MEMO
분장순서	※ 왁스를 사용하여 분장하는 경우 - 플라스토 왁스는 작업이 용이하도록 부드럽게 만든 후 분장 위치에 접착시킨다. - 플라스토 왁스 가운데 부분은 두께가 있게 처리하고 경계부분은 자연스럽게 그러데이션 처리하여 몰딩한다. - 분장용 헤라를 이용하여 칼자국을 만든다. 이때 상처 가운데 부위를 깊고 넓게 표현한다. - 위에 실러를 발라 코팅한다. - 상처 중앙 부위에 검정, 밤색, 컬러를 칠해서 깊이감을 더해준다 . - 인조피 등을 이용하여 상처분장에 사실감을 입혀준다. - 움직임이 많은 부위에 표현하거나 분장 상태가 장시간 유지되어야 하는 경우, 스피리트껌 등의 인체용 접착제를 바르고 그 위에 탈지면이나 미용티슈를 붙여 완전히 굳힌 다음, 위의 작업을 순서대로 진행한다. - 표현하려는 상처에 사실감을 더해줄 수 있는 요소들을 적용한다. - 스테리 스트립(steri-strip) 테잎 사용하여 벌어진 상처의 사실감을 표현해준다. ※ 실리콘으로 사용하여 분장하는 경우 - 미리 상처 틀을 제작하여 사용하면 같은 분장을 여러 차례 반복해야하는 분장 연결을 처리하는데 편리하다. - 왁스 분장보다 사실적이며 분장 유지 시간이 길다. - A, B 실리콘 용액 비율은 분장 작업 속도를 감안하여 조절한다.
응용 재료 & 표현법	MEMO

▶표현하고자 하는 캐릭터메이크업의 참고시안을 조사하세요.

▶표현하고자 하는 캐릭터메이크업의 일러스트 & 분장 특징을 메모하세요.

▶ 완성한 작품 사진을 부착하세요.

5) 총상

분장의 특징	- 총상분장을 위해서는 총기의 종류와 총상의 원인(자살, 타살..)등을 파악해야 하고 총알자국이 사입(들어온 자리), 사출(나간자리)인지의 분석이 우선되어야 한다. - 자살로 인한 총상의 경우 관객의 시점에서 왼쪽 관자놀이 부의에 표현되는 경우가 대부분이다.
분장재료	MEMO
분장순서	- 석고나 실리콘 등으로 미리 상처 틀을(몰드) 제작해두면 편리하다. - 적당량의 플라스토를 작업이 용이하도록 둥글고 부드럽게 만든 후 분장 위치에 접착시킨다. - 플라스토 왁스를 사용하는 경우, 분장 상태가 장시간 유지하기 위해서는 분장 위치에 텔레시스, 스피리트껌 등의 인체용 분장 접착제를 바르고 그 위에 탈지면이나 미용티슈를 얇게 붙여 굳힌다. - 플라스토 가운데 부분은 두께가 있게 처리하고 경계부분은 스파츌라를 사용하여 가장자리가 표시 나지 않도록 자연스럽게 그러데이션 처리한다. - 분장용 스파츌라(헤라)를 이용하여 파편이 터진듯하게 상처의 모양을 일정하지 않게 총상자국을 만든다. - 분장위에 실러를 발라 코팅한다. - 상처 중앙 부위에 적갈색, 와인색, 갈색 등의 라이닝이나 FX를 칠해서 깊이감을 더해준다 . - 인조피 등을 이용하여 상처분장에 사실감을 입혀준다. - 표현하려는 상처에 사실감을 더해줄 수 있는 요소들을 적용한다.
응용 재료 & 표현법	MEMO

▶표현하고자 하는 캐릭터메이크업의 참고시안을 조사하세요.

▶표현하고자 하는 캐릭터메이크업의 일러스트 & 분장 특징을 메모하세요.

▶ 완성한 작품 사진을 부착하세요.

6) 화상- 오부라이트를 사용하는 경우

분장의 특징	- 짧은 시간 내 분장이 가능하며 사실감이 있다. - 근육 움직임이 많은 부위에 사용할 경우, 분장 상태의 유지가 어렵다. - 대부분 일회성 분장에 사용된다. - 같은 분장을 여러 번 재현해야 하는 경우, 분장 연결이 어려울 수 있다.
분장재료	MEMO
분장순서	▣ 1도 화상 표현 - 분장 부위에 붉은색 컬러를 곰보 스펀지나 붓을 이용하여 피부를 붉게 표현한다. - 2~3겹의 오브라이를 엇갈리게 겹쳐 구겨놓는다. - 분장 부위에 워터스프레이를 가볍게 분사한 후 구겨놓은 오부라이트를 올리고 가장자리 부분은 물을 묻혀가며 녹인다. - 워터스프레이를 뿌리면서 원하는 모양의 화상분장을 만든다. - 오브라이트가 마르면 떨어질 우려가 있으므로 가장 자리에 라텍스를 바른다. - 다양한 컬러를 이용하여 화상분장의 사실적인 색채감을 표현한다. - 표현하려는 상처에 물집 등의 사실감을 더해줄 수 있는 요소들을 적용한다. - 상처 분장 위에 바셀린이나 글리세린을 발라 피부 진물 등을 표현해준다.
응용 재료 & 표현법	MEMO

7) 화상-라텍스, 스킨 젤을 사용하는 경우

분장의 특징	- 넓은 부위의 화상 표현 시 사용된다. - 다른 재료들에 비해 사실감이 떨어진다.
분장재료	MEMO
분장순서	▣ 3도 화상 표현 *라텍스 - 분장 부위에 라텍스를 묻혀 바른 후 미용티슈나 탈지면을 얇게 찢어 붙인다. 이 과정을 2번 정도 반복하면서 원하는 형태의 화상분장 형태를 만들고 드라이로 발려준다. - 상처분장의 경계부위는 라텍스+ 탈지면을 얇게 펴 바르면서 처리한다. *스킨젤 - 스킨 젤을 이용하여 화상분장을 할 경우, 중탕을 해놓은 스킨 젤을 분장 부위에 올리고 중심에서 바깥쪽으로 그라데이션 처리한다. - 분장용 헤라를 이용하여 원하는 화상분장 형태를 만든다. ◈ 재료에 따라 위의 단계가 끝나면 - 유성 라이닝 컬러나 FX파렛트와 인조피를 이용하여 화상분장의 사실적인 색채감을 표현한다. - 화상으로 벗겨진 피부를 표현할 경우 라텍스를 여러 겹 덧바르고 말리면서 원하는 부위를 스파츌라를 이용하여 얇게 벗겨낸다. 이때 오부라이트를 함께 사용하면 더욱 효과적이다. - 상처에 물집, 피고름, 괴사 등 사실감을 더해줄 수 있는 요소들을 적용하여, 피부 진피까지 손상된 화상상처를 표현한다. ▣ 오래된 화상 상처 표현 - 시간이 경과된 화상 상처는 PM 그린 마블 실러 콘센트레이트와 아타겔을 적당한 비율로 혼합하여 표현하면 효과적이다. - 분장을 표현 할 위치에 적갈색을 자연스럽게 펴발라준다. - 아타겔과 그린마블을 혼합하여 분장 위치에 여러 번 발라 원하는 분장형태를 완성한다.
응용 재료 & 표현법	MEMO

▶표현하고자 하는 캐릭터메이크업의 참고시안을 조사하세요.

▶표현하고자 하는 캐릭터메이크업의 일러스트 & 분장 특징을 메모하세요.

▶ 완성한 작품 사진을 부착하세요.

8) 여드름 & 물집

분장의 특징	MEMO
분장재료	MEMO
분장순서	- 붉은색 라이닝 컬러나 립펜슬을 이용하여 붉은 점을 표현하고 분장용 헤라로 라텍스나 스킨 젤을 이용하여 여드름을 표현하되, 여드름 크기에 따라 2-3차례 덧발라준다. - 여드름 끝이 노란색 라이닝 컬러를 이용하여 고름을 표현한다. - 표현하려는 분장에 사실감을 더해줄 수 있는 요소들을 적용한다. *고름제작 : 크린징크림+글리세린+노란색 라이닝컬러 유분기 많은 립밤+ 노란색 라이닝 컬러
응용 재료 & 표현법	MEMO

▶표현하고자 하는 캐릭터메이크업의 참고시안을 조사하세요.

▶표현하고자 하는 캐릭터메이크업의 일러스트 & 분장 특징을 메모하세요.

▶ 완성한 작품 사진을 부착하세요.

9) 동상분장

분장의 특징	MEMO
분장재료	MEMO
분장순서	- 피부색을 전체적으로 창백하게 표현한다. - 눈두덩이 아래 부위와 입술에 회색+ 청록색의 라이닝 컬러를 바른다. - 붉은색 라이닝 컬러로 광대뼈 부위에 곰보 스펀지를 사용하여 두드러진 혈관을 표현하고 갈색라이닝 컬러로 눈 아래와 코볼주변에 표현한다. - 오브라이트나 라텍스를 이용하여 입술이 메마른 창백한 표현을 해준다. - 아이스 이펙트(ice-effect)를 이용하여 머리카락, 눈썹 입술에 성애, 서리 낀 모습을 연출한다. - 특히 콧구멍, 입주위에는 콧바람과 입김으로 인해 서리의 많이 얼게 된다. - 동상정도에 따라 분장 정도를 달리 표현해준다. - 표현하려는 분장에 사실감을 더해줄 수 있는 요소들을 적용한다.
응용 재료 & 표현법	MEMO

▶표현하고자 하는 캐릭터메이크업의 참고시안을 조사하세요.

▶표현하고자 하는 캐릭터메이크업의 일러스트 & 분장 특징을 메모하세요.

▶ 완성한 작품 사진을 부착하세요.

CHAPTER 06

노역분장을 활용한 캐릭터메이크업

1) 기본 노역분장 (라이닝컬러를 이용한 노역분장)

분장의 특징	MEMO
분장재료	MEMO
분장순서	- 모델의 피부 타입에 맞는 메이크업 베이스를 펴 바른다. - 배역 설정에 따라 모델 피부 톤보다 한톤 어둡거나 밝게 또는 피부 톤에 맞게 화운데이션을 처리한다. - 밤색컬러의 라이닝 컬러를 이용하여, 관자놀이, 눈두덩이, 눈 아래, 광대뼈 아래, 팔자주름, 턱 위부분 등 얼굴에 형성되는 굴곡부위에 발라준 후, 자연스럽게 그라데이션한다. - 피부 톤보다 밝은 라이닝 컬러를 이용하여 눈썹 위, 광대뼈, 턱 등의 부위에 하이라이드 처리를 해준다. - 갈색 라이닝 컬러나 콤비펜슬을 이용하여 큰 주름, 작은 주름을 한번 더 강조해서 표현한다. - 검버섯이나 피부잡티 등을 표현하고 눈썹과 머리에 템플화이트나 실버 컬러 등을 이용하여 흰머리를 표현한다. - 입술색은 피부 톤보다 밝은 화운데이션으로 거칠게 발라 입술 주름을 표현한다. - 표현하려는 분장에 사실감을 더해줄 수 있는 요소들을 적용한다.
응용 재료 & 표현법	MEMO

2) 분장 제품을 이용한 노역분장

분장의 특징	MEMO
분장재료	- 라텍스나 올드스킨, 그린마블+아타겔
분장순서	- 시술 전 시술자의 손과 메이크업 도구를 소독한다. - 분장 시 분장이 오래 지속될 수 있도록 알코올이나 스킨을 화장 솜에 묻혀 분장할 부위의 피지나 이물질을 가볍게 제거한다. - 이마, 볼, 코부위, 턱, 입술 목 등 표현하고자 하는 부위의 주름 방향을 고려하여 피부를 늘린 상태에서 라텍스나 올드스킨, 그린마블+아타겔 등 상황에 맞게 분장사가 선택한 재료를 스펀지에 묻혀 두드리며 발라준다. 드라이어기의 찬바람을 이용하여 건조시키고, 파우더를 살짝 발라준다, - 위 과정을 2-3차례 반복하며 원하는 분장형태를 만든다. - 눈 주변 부위의 분장 시 눈에 들어가지 않도록 항상 주의한다. - 컬러 제품을 이용하여 피부색을 표현하고 돌출부위와 굴곡부위에 하이라이트, 섀딩 컬러를 이용하여 입체적인 주름을 완성한다. - 템플화이트를 이용하여 흰머리를 표현한다. - 표현하려는 분장에 사실감을 더해줄 수 있는 요소들을 적용한다.
응용 재료 & 표현법	MEMO

▶표현하고자 하는 캐릭터메이크업의 참고시안을 조사하세요.

▶표현하고자 하는 캐릭터메이크업의 일러스트 & 분장 특징을 메모하세요.

▶ 완성한 작품 사진을 부착하세요.

07 CHAPTER

볼드캡 제작 & 대머리 분장

분장의 특징	- 라텍스 볼드 캡은 글라짠 볼드 캡에 비해 사실감이 떨어진다.
분장재료	MEMO
분장순서	*볼드 캡 제작 - 모델의 두상 크기를 확인하고 볼드헤드(두상모형)에 펜슬로 표시한다. - 볼드헤드(두상모형)에 바셀린을 충분히 바른다. - 글라짠과 용해제(아세톤 등)를 충분히 희석시킨다. - 붓에 글라짠을 적당히 묻혀 바르고 헤어드라이로 건조 시킨 후 파우더 처리한다. 기본적으로 5-6회 위의 작업을 반복한다. - 완전히 마른 후 파우더를 충분히 바르고 목뒤 가장자리부터 뜯어낸다. 이때 볼드 캡이 늘어나지 않도록 천천히 뜯어내고 파우더를 발라 볼드 캡이 붙는 것을 방지 한다. *대머리 분장 - 분장 전 모델의 머리사이즈를 직접 확인하여 체크하고, 모델의 머리를 왁스 등을 이용하여 뒤쪽으로 깔끔하게 정리한다. - 알코올을 탈지면에 묻혀 접착면의 피부를 정리한다. - 모델에게 볼드 캡을 씌운 후, 파우더로 경계부분을 표시한다. - 표시된 라인을 따라 스피리트껌이나 인체용 접착제를 발라준다. - 접착제가 굳기 시작할 때 접착 면을 살짝 붙였다 뗐다를 2-3차례 반복하여 접착력을 키운다. - 물수건을 이용하여 접착 부위를 눌러 접착시킨다. - 같은 방법으로 뒤쪽, 귀 부분도 작업한다. - 볼드 캡의 가장자리 선이 경계를 없애기 위해서 면봉에 아세톤을 묻혀 볼드 캡의 가장자리 선을 녹인 후, 라텍스를 스펀지에 묻혀 가장자리 부분의 경계를 덧 발라준다. 이때 경계선이 최대한 그라데이션되도록 처리한다. - 헤어드라이로 건조시킨 후 파우더를 살짝 발라준다. - 라텍스가 마른 후 얼굴의 피부색에 맞추어, 스킨 표현을 해준 후, 파우더를 처리해준다. - 머리 부분의 질감을 사실적으로 표현하기 위해서 블랙스폰지에 라텍스를 묻혀 모발의 질감을 자연스럽게 표현해준다. - 블랙스폰지에 검정 찍구를 발라 머리카락 자국을 표현해준다.
기타	MEMO

▶표현하고자 하는 캐릭터메이크업의 참고시안을 조사하세요.

▶표현하고자 하는 캐릭터메이크업의 일러스트 & 분장 특징을 메모하세요.

▶ 완성한 작품 사진을 부착하세요.

08 CHAPTER

캐릭터메이크업 디자인계획서- 중간고사 실기

작품 콘셉트	
사전 체크사항 및 준비물	
분장순서	
기타	

▶표현하고자 하는 캐릭터메이크업의 참고시안을 조사하세요.

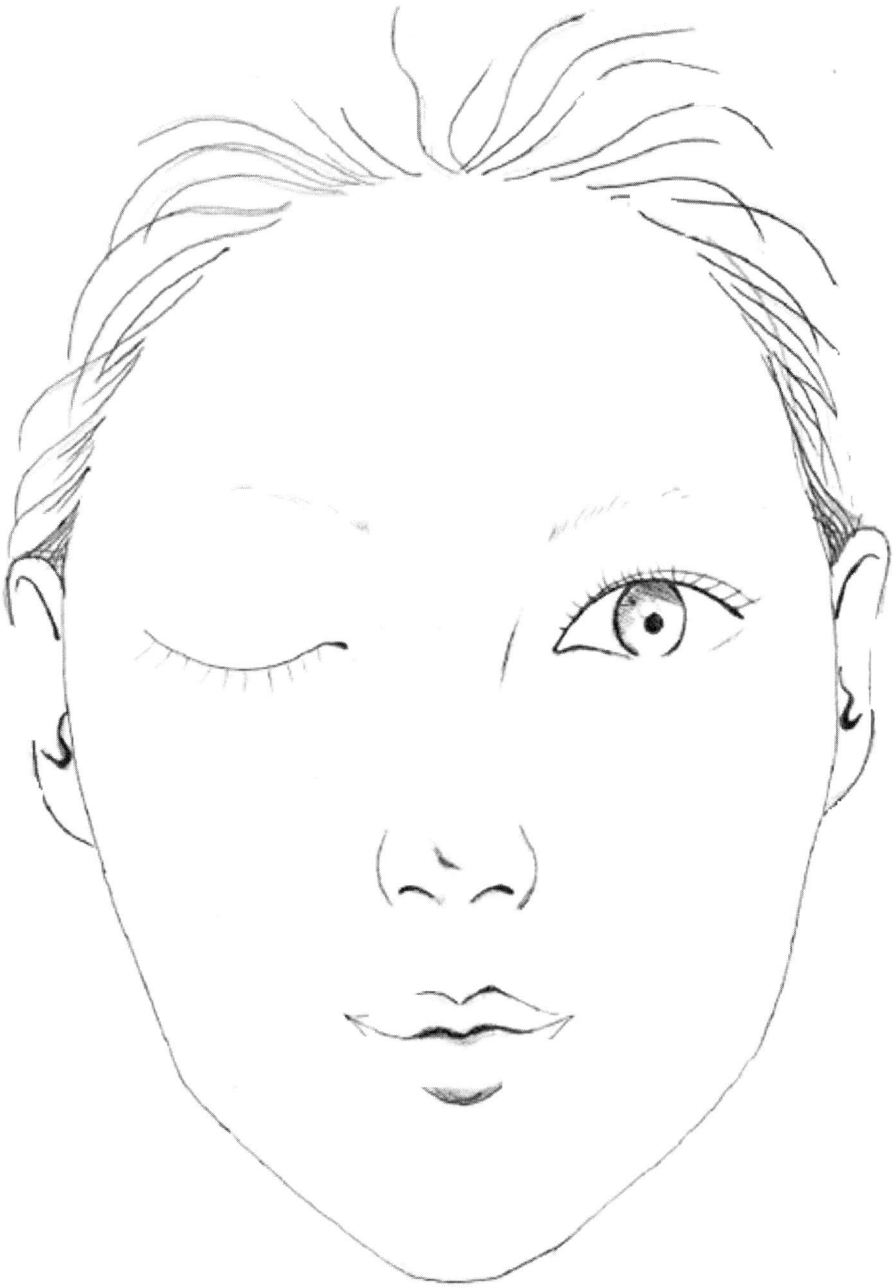

작품 완성 사진

CHAPTER 09

캐릭터메이크업 디자인계획서- 기말고사 실기

작품 콘셉트	
사전 체크사항 및 준비물	
분장순서	
기타	

▶표현하고자 하는 캐릭터메이크업의 참고시안을 조사하세요.

캐릭터 메이크업 디자인 스케치

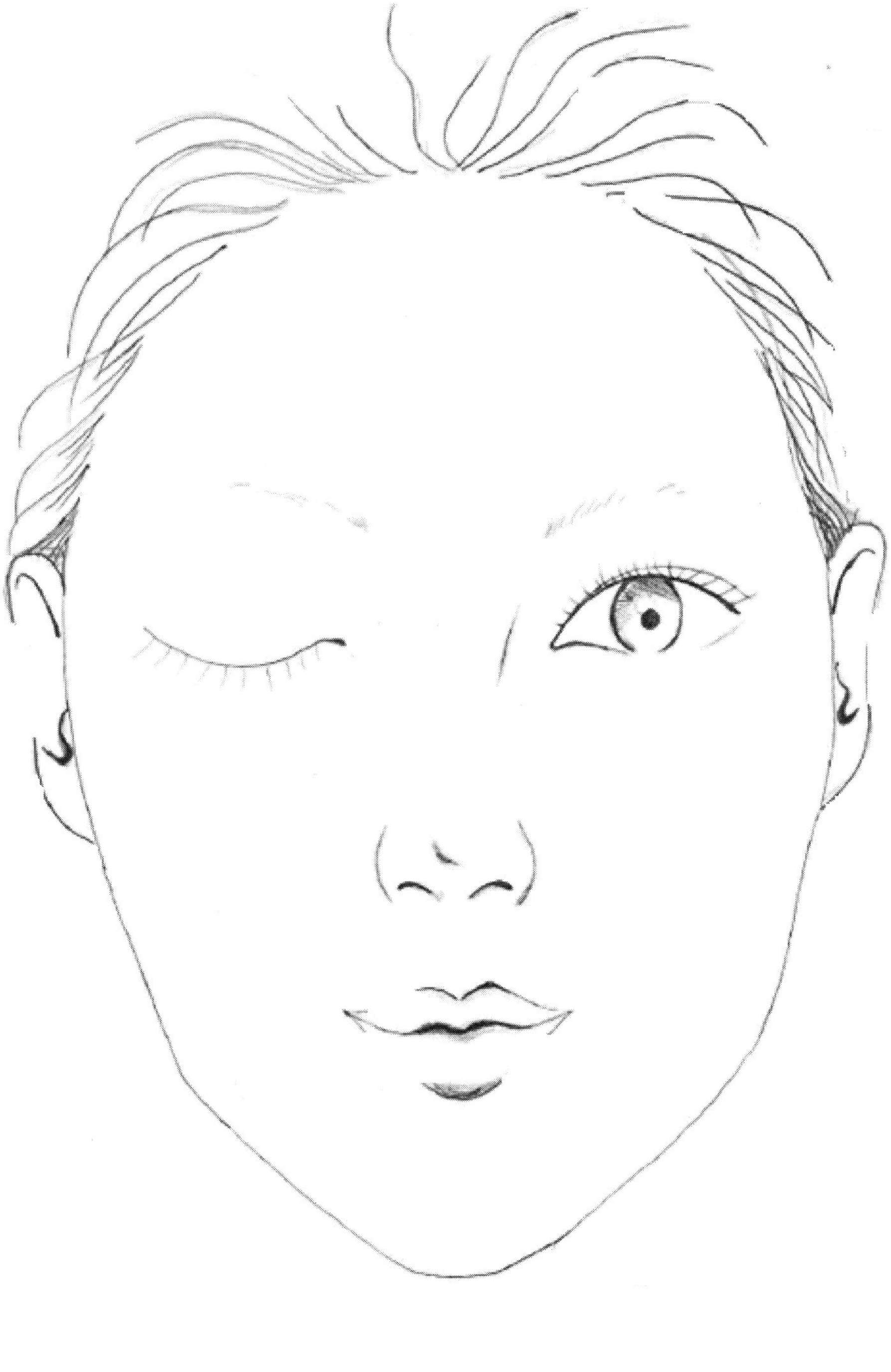

작품 완성 사진

저자약력

이정민　　　한성대학교 뷰티디자인매니지먼트학과 교수

NEW 캐릭터 메이크업 마스터북 [CHARACTER MAKE-UP MASTER BOOK]

2022년 3월 2일 초판 인쇄
2022년 3월 10일 초판 발행
2023년 7월 30일 초판 2쇄 발행

저　자　이정민
발 행 인　조규백
발 행 처　도서출판 구민사
(07293) 서울특별시 영등포구 문래북로 116, 604호(문래동3가 46, 트리플렉스)
전　화　02.701.7421~2
팩　스　02.3273.9642
홈페이지　www.kuhminsa.co.kr
신고번호　제2012-000055호(1980년 2월 4일)
I S B N　979-11-6875-014-2 13590
값　14,000원